我是传奇

斯蒂芬·库里

流年 著　锄豆文化 编绘

北京时代华文书局

图书在版编目（CIP）数据

斯蒂芬·库里 / 流年著；锄豆文化编绘. — 北京：北京时代华文书局，2024.3
　（我是传奇）
　ISBN 978-7-5699-5397-8

Ⅰ．①斯… Ⅱ．①流… ②锄… Ⅲ．①儿童故事—中国—当代 Ⅳ．① I287.5

中国国家版本馆 CIP 数据核字（2024）第 052765 号

拼音书名 | WO SHI CHUANQI
　　　　　SIDIFEN KULI

出 版 人 | 陈　涛
选题策划 | 直笔体育　徐　琰
责任编辑 | 马彰羚
责任校对 | 初海龙
封面设计 | 王淑聪
责任印制 | 訾　敬

出版发行 | 北京时代华文书局 http://www.bjsdsj.com.cn
　　　　　北京市东城区安定门外大街 138 号皇城国际大厦 A 座 8 层
　　　　　邮编：100011　电话：010-64263661　64261528

印　　刷 | 三河市嘉科万达彩色印刷有限公司　0316-3156777
　　　　　（如发现印装质量问题，请与印刷厂联系调换）

开　　本 | 710 mm × 1000 mm　1/16　印　张 | 2.5　字　数 | 29 千字
版　　次 | 2024 年 3 月第 1 版　　　　　　印　次 | 2024 年 3 月第 1 次印刷
成品尺寸 | 170 mm × 230 mm
定　　价 | 198.00 元（全十册）

版权所有，侵权必究

开篇

他是跨时代的超级球星，
是 NBA 的"弄潮儿"，
他掀起了三分浪潮，
打破了无数关于三分球的纪录。

由于拥有一张稚嫩的脸庞，
球迷亲切地称呼他为"萌神"，
他就是美国著名篮球运动员斯蒂芬·库里。

库里总能投进令人不可思议的三分球，
他的每一次得分都是那么流畅和飘逸，
无论在场内还是场外，
库里都是年轻人最喜欢的球员之一，
是他让人们对三分球有了更深的理解。

而这一切都来自他的刻苦和努力，
来自他对胜利的渴望和对篮球的热爱。

库里

出身 篮球世家

1988年3月14日，库里出生于美国俄亥俄州的阿克伦，库里的父亲戴尔·库里是一名**职业篮球运动员**，效力于夏洛特黄蜂队（原夏洛特黄蜂队搬迁至新奥尔良后更名为新奥尔良鹈鹕队）时拿到过年度最佳第六人的奖项。出生在篮球世家的库里，从2岁就开始接触篮球。

当时，库里爷爷家有个用旧电线杆做成的简易篮球架，库里每次来到爷爷家，都会用这个篮球架练习投篮。

篮球架附近的地面凹凸不平，地上还有许多小石子，很容易摔跟头。别说投篮了，走路的时候都要小心翼翼的，但库里却把这种糟糕的环境看成是一种挑战。

　　每次练习投篮的时候，他都会把注意力集中起来，努力控制好球，防止因路面不平而丢球。渐渐地，库里对篮球的兴趣越来越浓，球技也在一天天进步。

6岁时,库里参加了一场业余比赛。观众少得可怜,但这丝毫没有影响库里打球的热情。在一次二打一的快攻过程中,库里刚刚接过队友传过来的球,就被对方的防守球员死死地盯住了。

　　这时,库里灵机一动,以迅雷不及掩耳之势,完成一记精准的背后传球。

这个动作太出人意料了,谁也没想到库里会在如此紧张的氛围中,爆发这样的灵感和创造力,观众都忍不住为库里欢呼起来。而库里也正是在这个时候立下志愿:像父亲一样,成为一名职业篮球运动员。

能多投进漂亮的三分球是每一个篮球运动员的梦想,对库里而言也不例外。训练的时候,库里抢着要投三分球,但被父亲阻止了。父亲严肃地说:

现在还不是投三分球的时候,你应该在三秒区里,训练出好的投篮**手型和习惯**。

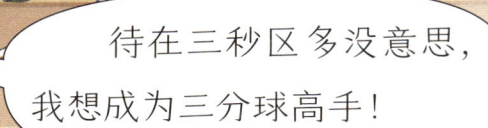

待在三秒区多没意思,我想成为三分球高手!

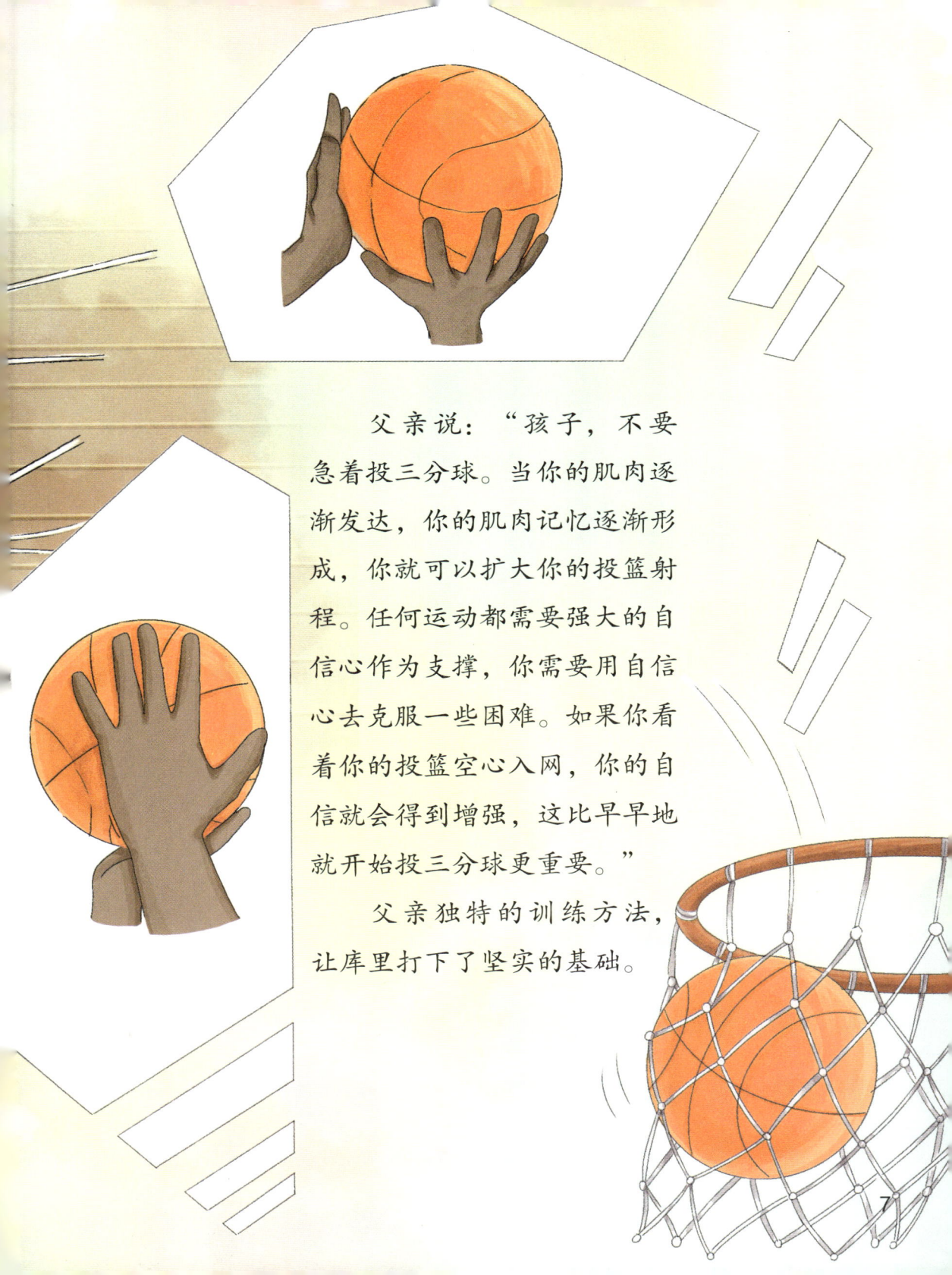

父亲说:"孩子,不要急着投三分球。当你的肌肉逐渐发达,你的肌肉记忆逐渐形成,你就可以扩大你的投篮射程。任何运动都需要强大的自信心作为支撑,你需要用自信心去克服一些困难。如果你看着你的投篮空心入网,你的自信就会得到增强,这比早早地就开始投三分球更重要。"

父亲独特的训练方法,让库里打下了坚实的基础。

完成救赎

正当库里对自己的未来满怀期待的时候，他却遭遇了一次严重的打击。

9岁时，库里所在的球队参加了业余体育联合会（Amateur Athletic Union，简称AAU）举办的巡回赛，他们打进了最后的冠军赛，库里带领球队几乎领先了整场比赛，但在比赛的最后时刻他们被对手反超了。

比赛暂停期间，教练布置了战术，库里成功获得一个投三分球的机会，但对方球员犯规致使库里没有投进，不过他也因此获得了三次罚篮的机会，球队还有一线生机。

然而，库里罚丢了第一球。尽管他沉着冷静地命中第二球，并试图故意罚丢第三球完成补篮，但最终还是**输掉了比赛**。

库里无法接受这个结果，当他长大后再次聊起这场比赛时，他说道："那个时刻也许定义了我的童年，在那之后的整整一年，我都在想那次投篮。我觉得在此之后，我有两个选择：一个是永远逃避那种时刻；另一个是再来一次。"

库里13岁时,父亲与多伦多猛龙队签约,于是库里一家人来到了多伦多生活。不久,库里加入了昆士威基督学院圣徒队。

到了球队库里才发现,他是这支球队里身材最瘦小的队员,跟其他队友比起来,他的胳膊细得像两根麻秆儿。

不仅如此,就连篮球队员非常看重的臂展,库里也远远比不上别人。队友看着瘦弱的库里,谁都没把他放在眼里。

但瘦小的库里不但没有受到任何影响，反而以超高的水准，带领昆士威基督学院圣徒队打进决赛。在最后一场比赛中，对手瞄准了库里身材瘦小的缺点，故意让身高1.88米的球员防守库里。

当时的库里身高只有1.65米，在1.88米的对手面前，他就像一个小不点儿。看到这种情况，教练的心顿时凉了半截，教练苦笑着在心里说："完了，这次必输无疑了。"

"教练，"库里信心满满地说，"把球给我，**我们会赢的**。"

12

教练决定相信库里，把球队的进攻任务全部交给了他。瘦弱的库里在一群大个子中间，好像一个**奋力拼搏的小精灵**，把队友的热情点燃了。最后时刻，库里投进了3个三分球，带领昆士威基督学院圣徒队完成了逆转。

13岁的库里用永不言败、永不放弃的精神，**完成了对自己的救赎**，扫除了心里的阴霾。

训练"狂魔"

但是在之后的比赛中,库里遭遇了篮球生涯的第二次重大失利,他在比赛中打得很糟糕。他郁闷、自责,甚至怀疑自己不适合打篮球。

父母在运动场上驰骋多年，他们知道库里现在最需要的就是鼓励。于是，他们语重心长地对库里说："孩子，记住！除了自己，没有人能够撰写你的人生。"

对啊！命运应该牢牢地掌握在自己的手里。篮球打成什么样，我自己说了算！

库里恍然大悟，重新振作起来，一边刻苦训练，一边琢磨自己的短板，进行针对性的弥补。

库里身体瘦弱，力量不足，没有力气在头顶上把篮球抛出去，只能在胸前甚至腰位出手，这样的姿势在比赛当中非常不利。库里想改变投篮姿势，便让父亲为他制订了暑假训练计划。

根据计划，库里在完成固定的训练项目以外，还要每天加练1000个球，才能彻底改变投篮姿势。

从那以后，库里就变成了一名**训练"狂魔"**。为了加练投篮，他每天很晚才能到家。

除了加强练习以外，库里还经常让父亲带着他去猛龙队球馆打球。因为库里知道和职业球员一起练球会让自己进步得更快，他不想失去这样的好机会。

"小虫"博格斯是父亲戴尔·库里的队友，虽然身高只有1.6米，但他在NBA打了14个赛季，状态最好的一个赛季，场均拿下10.8分、10.1个助攻。库里把博格斯当成自己的偶像，**一有机会就会和博格斯进行单挑**。虽然库里无法战胜博格斯，但他在博格斯身上学到了很多东西。

父亲退役后，库里一家重新回到了夏洛特生活。库里当时的身高不足1.7米，体重还不到60千克，只能进入学校的篮球二队。

因为瘦小的身材，库里经常受到嘲笑，但他没有进行反驳，只是默默训练，最终凭借多次**亮眼的表现**升入一队，并让嘲笑他的那些人都闭上了嘴巴。

库里凭借刻苦的训练和坚强的意志力，弥补了身体条件的不足，不但大大提高了身体的对抗能力，还展现了超凡的篮球水准。

在高中的三个赛季，库里三次荣膺球队最有价值球员（Most Valuable Player，简称MVP）、三次荣膺赛区MVP、带领球队拿到了三连冠。

打破质疑

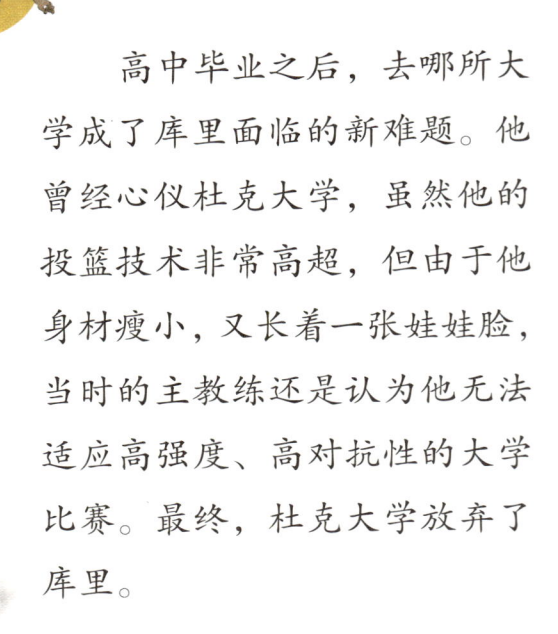

高中毕业之后,去哪所大学成了库里面临的新难题。他曾经心仪杜克大学,虽然他的投篮技术非常高超,但由于他身材瘦小,又长着一张娃娃脸,当时的主教练还是认为他无法适应高强度、高对抗性的大学比赛。最终,杜克大学放弃了库里。

其实不只是杜克大学,因为对库里固有的印象,大部分的大学教练和球探都看不上他。

那段时间,坏消息一个接着一个,库里**失望**极了。

不过，还是有三所大学向库里抛出了橄榄枝，其中一所大学是戴维森学院。戴维森学院篮球队的主教练见到库里后对他说道："我会让你成为最出色的年轻人。"这句话深深地感染了库里，他最终选择成为戴维森学院的一员。

戴维森学院只有大约1800名学生，篮球队和排球队共用篮球馆，条件没办法和其他的大学相比。库里在心里憋着一口气，他要用自己的努力，带领戴维森学院打出**奇迹**，让轻视他的人刮目相看。

没关系,你只是还没有适应大学的比赛而已。按照你自己的方式打球,不要被上半场的失误影响。

然而进入大学后的第一场比赛,库里就感到不适应。由于身体对抗强度的提升,上半场库里就出现了9次失误。库里对此又自责又不安,但主教练没有责备他,而是耐心地**鼓励他**。

运球!

传球!

"知道了,教练。"库里深深地呼了一口气,自信心又回来了。再次上场以后,库里很快就适应了比赛的对抗强度,迅速进入了状态。

又一个三分球!

带球上篮!

库里在现场观众的欢呼声和呐喊声中，帮助球队完成了逆转，获得了比赛的胜利。戴维森学院的替补席沸腾起来，主教练挥舞着双臂欢呼呐喊。

　　接下来的第二场比赛，库里拿到了32分。大一赛季，库里成为南部赛区的新秀得分王。在这一个赛季，库里投进了122个三分球，创造了纪录，一年后库里又打破了自己的纪录。

2008年3月，库里带领的戴维森学院打进全国大学体育协会（National Collegiate Athletic Association，简称NCAA）锦标赛，他们首场比赛的对手是七号种子冈萨加大学。当时，无论是媒体还是球迷，都看好冈萨加大学，冈萨加大学的球员甚至都没有听说过戴维森学院，对于这样的轻视，库里早就见怪不怪了。结果，库里拿下40分，直接帮助戴维森学院进入三十二强。

这是戴维森学院自1969年以来的**第一场NCAA锦标赛的胜利**，这场比赛之后，库里成了"娃娃脸杀手"，名声大噪。

接下来的淘汰赛，戴维森学院要面对二号种子乔治城大学。戴维森学院一度落后17分，库里带队完成大逆转。随后，库里再次带队取胜，名不见经传的戴维森学院打入八强。

库里不但成为NCAA的得分王，也成为戴维森学院的历史得分王。接下来，库里要带着这些闪光的荣耀进入**NBA**了，然而在这个节骨眼上，他再一次遭到了人们的轻视。

掀起 **三分浪潮**

"库里是个出色的三分球射手，但他身体瘦弱，**缺乏终结能力**。"这是球探对库里的评价。这个带有偏见的评价，影响了NBA球队对库里水平的判断，导致他在第七顺位才被金州勇士队选中。

人们的轻视不但没有打击库里的积极性，反而让他越战越勇。在新秀赛季，库里场均拿下17.5分、5.9次助攻，投进166个三分球。

然而，上天好像故意考验库里似的。2010—2011赛季开始不久，库里就受伤了，在短短的几十天里，他的脚踝扭伤了5次，人们都嘲笑库里是"玻璃人"。勇士队的管理层也对库里的未来感到担忧，同时，他们也感到非常奇怪："库里之前一直好好的，怎么会突然**频繁扭伤**呢？"

训练师一遍一遍地观看库里的比赛录像后，终于找到了原因，他说："库里频繁受伤，是因为他的脚踝承受了太多的压力和冲击。他只要进行针对性的训练，就能改变这种情况。"训练师的话让库里又重新看到了希望。

接下来，训练师教库里如何使用臀部发力，并给库里制订了增强核心力量和下肢力量的计划。

库里按照训练师教的方法，严格地进行训练。为了快速改变状态，他还在训练时绑上**铅袋**，在负重的情况下锻炼体能。

短短几个月，库里进步飞快，日复一日的训练让他逐渐适应了新的发力方式。库里不会像之前一样频繁受伤了，这是他用刻苦的训练和辛勤的汗水换来的。

重新走上赛场之后，库里利用自己身材瘦小的特点，灵活地在球场上跑动、传球，在 NBA 掀起了**三分浪潮**。2015—2016 赛季，库里带领勇士队拿到了常规赛 73 胜的战绩，并全票当选了常规赛 MVP。

不久以后，另一名超级球星**杜兰特**加盟勇士队。库里为球队的荣誉着想，在比赛中主动将球权让给杜兰特，但这时依旧有人对库里提出了质疑，认为库里是因为球技比不上杜兰特，故意这么做的。面对人们的质疑，库里再一次选择了用实力说话。

2021—2022赛季，库里带领勇士队展现了超强的战斗力，他不断用三分球一次次命中对手的篮筐。同时，因为库里对对手的牵制，每一个队友都能最大限度地发挥作用，整个球队上下一心，配合得十分默契。库里再次打破质疑，让那些说他无法"单核"带队的人哑口无言。

如今，库里成为炙手可热的篮球明星，他曾在接受采访时说：

　　如果你愿意花点时间，弄清楚你的梦想是什么，你的人生真正想要的是什么，无论是什么，体育也好，其他领域的东西也好，那么你会发现，你总是有很多事情可做，而且你总想成为**最刻苦、最勤奋**的那一个，这时你就把自己放在了一个离成功很近的位置。你必须对自己所做的事情充满**热情**，而我就是对篮球充满热情，是篮球带着我走到今天。

在篮球生涯中，库里一直被人轻视、低估，但他用永不言败的斗志和奋勇拼搏的精神，一次次地证明了自己。

少年时期错失绝杀，高中用三连冠完成救赎；高中毕业之后被名校拒绝，大学赛场首战便成球队核心；进入NBA摆脱伤病，打破无数纪录，拿到无数荣誉……这些都是库里不服输的见证，也是他顽强斗争和努力训练的结果。

库里用自己的亲身经历告诉我们：**努力拼搏是打破质疑最好的方式**。

库里

KULI

美国

职业篮球运动员

司职控球后卫，效力于金州勇士队

4 次获得 NBA 总冠军

NBA 历史三分王

擅长投三分球，整个半场都是他的射程范围

"三分之神"

荣誉记录

体育名人堂

- NBA 总冠军：4 次
- NBA 常规赛 MVP：2 次   NBA 总决赛 MVP：1 次
- NBA 全明星赛：9 次   NBA 全明星赛 MVP：1 次
- NBA 全明星赛三分球大赛冠军：2 次
- NBA 全明星赛技巧挑战赛冠军：1 次
- NBA 最佳阵容：9 次
- NBA 最佳新秀阵容一阵：1 次
- NBA 得分王：2 次   NBA 抢断王：1 次
- 世界男子篮球锦标赛金牌：1 次
- 国际篮联篮球世界杯金牌：1 次
- 2021 年入选 NBA75 周年 75 大球星

（截至 2022—2023 赛季结束）

LANQIU
篮球

球衣的出现

最初,球员在篮球场上想穿什么就穿什么,后来随着篮球运动的发展与普及,在比赛中经常出现将球传给对手的现象。为了杜绝这种问题发生,标准化和可辨识的篮球球衣由此出现。一开始,篮球运动服是长衣、长袖的款式,后来被调整为超短、紧身的款式,最终演变成现在的相对宽松的球衣、球裤。

篮球的颜色

在发明伊始,大多数篮球都是棕色的,但如今橙色的篮球更为常见。橙色与大地的颜色相近,能大大减轻球员的用眼疲劳,并提升他们的注意力。第一颗正式比赛用球由斯伯丁生产。

有底的篮筐

最初的篮筐就像一个大口袋，每次有球队得分时，都需要裁判爬上梯子将篮球拿下来，才能进行后续的比赛。后来，为节省比赛时间，才逐步完善了篮筐的设计。

没有篮板的篮球架

最初的篮球比赛中，篮球架上是没有篮板的，之所以添加篮板，是因为看台上的观众曾经通过拿走篮球来干扰比赛。

首次奥运会篮球比赛

1936年，德国柏林奥运会将男子篮球列为正式比赛项目。从此，篮球运动登上了国际竞技运动的舞台。而女子篮球是在1976年加拿大蒙特利尔奥运会上被正式列为比赛项目。

篮球运动的常用术语

投篮	球员运用各种专门、合理的动作将球投进对方篮筐的方法，是篮球赛中的得分手段。
上篮	球员进攻到篮下的位置跳起，把篮球托起接近篮筐，再单手将球放进去或擦板投进。
助攻	通过持球球员对球的传递，帮助第一位触球的己方球员完成直接得分的行为。
篮板球	投篮未中，从篮板或篮圈上反弹回来的球。
盖帽	进攻人投篮出手时，防守人设法在空中将球打掉的动作。
三分球	在三分线以外投篮且命中的进球。
补篮	投篮不中时，运动员跳起在空中将球补进篮内。
扣篮	运动员用单手或双手持球跳起，在空中自上而下直接将球扣进篮筐。
三不沾	没有碰到篮筐、篮板和篮网的未命中的投篮。
空接	一个球员起跳接到另一个球员的传球，并在落地之前完成扣篮或投篮。
罚球	罚球队员于罚球线后的半圆内，在无争抢的情况下进行投篮，每进一球得一分。